AF494162

Conserver la cour.

MÉMOIRE

[illegible]

[illegible]

[illegible]... Conseil Général de la
[illegible]... et de l'Administration des [illegible]

[illegible] Granville,

[illegible] Chemins de Cherbourg.

[illegible]

*Cette brochure se vend chez les principaux Libraires du
département de la Manche, au profit de la salle d'Asyle
à Cherbourg.*

Cette brochure se trouve également chez MM. BEAUPORT et LECAUF, imprimeurs-
lithographes, rue Quai-du-Bassin; NOMLET, rue de la Fontaine; BAUDRY, libraire,
rue de la Vase; LÉCOUVLET, libraire, rue des Corderies; FEUARDENT, libraire,
rue de l'Hôpital; MOTIN, libraire, sur le Port; LE FRANÇOIS, libraire, rue du

(1842)   34982

Le conseil général du département de la Manche s'est entièrement préoccupé cette année de la question des bestiaux. Sans doute elle est capitale, et j'applaudis au rapport remarquable qui a été lu dans la séance du vingt-six août dernier, et qui a motivé le vœu énergique exprimé par l'unanimité du conseil.

Mais en m'associant à cette louable résolution, je m'afflige qu'on ait accordé si peu de temps à l'examen de l'amélioration des chevaux.

C'est seulement dans l'avant-dernière séance que le conseil, après une discussion assez courte sur l'utilité des courses de chevaux, a décidé :

« Que l'allocation énoncée à l'article 9 du
« sous-chapitre 19 intitulé : Subvention aux
« courses, sera reportée à l'article 1er du même

« sous-chapitre et distribuée aux sociétés d'agri-
« culture, comme les 3,000 fr. compris en ce
« 1er article dans le budget proposé par M. le
« préfet, sans que, d'ailleurs, le conseil entende
« mettre obstacle à ce que chaque société d'agri-
« culture puisse consacrer à l'encouragement
« des courses de chevaux telle portion qu'elle
« jugera convenable de la part, dans la subven-
« tion qu'elle recevrait aux dépens du crédit
« ouvert en l'article 1er, dont est cas: le conseil
« décide également que le crédit porté en cet
« article sera augmenté de 1,800 fr. »

Je vois dans cette décision un refus bien net
de continuer, quant à présent, à encourager les
courses du département. En remettant à d'autres
un soin qui semblait, jusqu'ici, lui appartenir,
en refusant d'intervenir directement cette année
dans la distribution des fonds alloués aux différentes villes du département qui font annuellement courir, le conseil général n'a-t-il pas
craint de donner un funeste exemple d'indiffé-
rence, et de porter le dégoût où le zèle commen-
çait à se manifester?

Comme membre de la société des courses de
Cherbourg, je crois devoir élever la voix pour

réclamer contre une décision qui me semble dangereuse; car elle détruit l'ensemble qu'aurait produit une impulsion partie du centre, et laisse à des sociétés d'agriculture, qui peuvent avoir sur la matière des opinions différentes, la faculté d'accorder ou de refuser des secours. Elle tend ainsi à compromettre des institutions qui, chez nous seulement, viennent de naître, et qui ont besoin d'aliments pour vivre.

Je suis convaincu qu'elles sont très-favorables à l'amélioration des chevaux: cette amélioration, utile à l'état tout entier, serait une cause de prospérité pour le département de la Manche. Sous ces deux rapports, elle est digne de la sollicitude des hommes éclairés.

Cette grande question de régénération excite l'attention générale; partout des voix se font entendre pour protester contre l'emploi des chevaux étrangers au détriment des nôtres! Cette France si riche, si fertile, qui possède d'après différentes statistiques, plus de 2,400,000 chevaux, se croit obligée d'aller mendier ceux de ses voisins et de s'en faire tributaire!

Je ne rappellerai pas l'embarras où l'on s'est

trouvé en 1840, quand la guerre paraissait imminente et qu'on voulait à tout prix obtenir des chevaux des nations que nous allions combattre! ressources illusoires, et qui bientôt n'auraient pu se prolonger que par une contrebande difficile et ruineuse! je parlerai du temps actuel, où, en pleine paix avec l'Europe, nous nous croyons obligés d'aller chercher, au-delà des frontières, des chevaux pour remonter notre cavalerie décimée chaque année par la morve et le farcin.

Le ministre de la guerre a cru sans doute nécessaire d'autoriser, l'année dernière, une remonte de trois mille chevaux en Angleterre.

Un des journaux de Caen, le *Pilote du Calvados*, s'exprimait ainsi sur cette mesure :

« Ces prétendus chevaux anglais sont, en
« partie, des chevaux allemands achetés 450 fr.
« à 500 fr, sur les bords du Rhin, et qui, trans-
« portés en Angleterre, nous reviennent comme
« chevaux anglais; ils vont ainsi, dans un voyage
« d'*outre-Manche*, chercher un baptême étranger
« qui double leur valeur au détriment de nos
« cultivateurs et au profit d'un fournisseur pri-
« vilégié. »

En effet, leur prix moyen est de 875 fr., ce qui, avec les courtages, droits d'entrée, frais de route, etc. etc. etc., porte le prix *de revient* du cheval, *dit anglais*, rendu à sa destination, à 1,144 fr. 50 c.

C'est plus qu'on ne payait en France les chevaux des gardes du corps.

Outre ces achats onéreux, on a encore envoyé M. Le Myre de Villiers, commandant le dépôt de remonte de Saint-Lo, à Hambourg, avec mission de s'y procurer des chevaux. On comprend facilement les frais énormes qu'imposent au trésor ces livraisons lointaines, où l'on traite, non avec les éleveurs eux-mêmes, mais par l'intermédiaire de maquignons, agents, courtiers, ou autres, qui, probablement, doivent prélever de grands bénéfices.

Tout le monde sent que cette situation est vicieuse, et qu'il faut y porter remède.

Beaucoup d'opinions ont déjà été émises sur ce sujet; des systèmes différents ont vu le jour: plusieurs défectueux; d'autres, plus ou moins exécutables; tous ont du moins prouvé par leur nombre que la question est capitale pour les intérêts du pays.

Je ne prétends pas donner ici un plan général et produire à mon tour un système. Propriétaire, dans l'arrondissement de Cherbourg, je me bornerai à examiner ses besoins, ses ressources, en jetant aussi un coup d'œil sur l'arrondissement voisin, qui est en rapport et en contact continuel avec le nôtre.

J'examinerai donc, dans un rapide aperçu, quels sont les moyens que nous avons à notre disposition, et si le pays est propre à l'élève du cheval. Je parlerai des causes qui nuisent à cette industrie, et particulièrement des mauvaises coutumes usitées dans nos campagnes.

Enfin j'essaierai de montrer l'utilité des courses annuelles, croyant découvrir dans cette institution une nouvelle source de prospérité pour nous. Puisse le développement de ces considérations contribuer à diriger l'attention de mes compatriotes sur ce sujet important ! En venant leur apporter le tribut de mes réflexions, je crois remplir le devoir d'un bon citoyen et d'un ami zélé de son pays.

Le cheval, comme tous les grands quadrupèdes, paraît avoir pris naissance dans les contrées orientales. C'est là du moins où se rencontre le type primitif de la beauté de ses formes et de l'ensemble complet de ses qualités distinctives.

Le sang de cette race a toujours été puissamment régénérateur. Partout où l'on est parvenu à l'inoculer, il a laissé long-temps la trace de son passage. C'est la guerre qui fit connaître en Europe le cheval oriental; il fut ramené des croisades et importé par les Maures dans nos provinces méridionales. Le cheval de la *Camargue* a encore aujourd'hui la tête presque carrée du cheval arabe, son chanfrein creux plutôt que busqué, son encolure de cerf, sa sobriété, son fonds d'haleine et son infatigable persévérance dans un long voyage.

Le cheval limousin, si renommé dans nos annales chevalines, provient des chevaux arabes abandonnés par les Maures après leur défaite sous les murs de Poitiers, en 738.

Nos pères ont toujours honoré le noble animal qui partageait leurs travaux et leurs périls ; il était l'orgueil des Francs ; et l'image d'un cheval fougueux flottait sur le drapeau qu'ils vinrent planter près des rives de la Seine.

Le vol d'un cheval, fût-ce même un cheval hongre, ou une cavale, était puni d'une forte amende, et plus tard, la première dignité du royaume fut celle de *connétable*, ou chef des écuries.

La Normandie fut souvent peuplée de chevaux de diverses natures ; on y plaçait, suivant les idées du moment, des étalons de *Hosltein*, de *Mecklembourg*, des chevaux anglais, plus ou moins distingués, des *Hanovriens*, des *Espagnols*, des Turcs, des *Barbes* et des Arabes.

Ces étalons se combinaient très bien avec les juments du pays et soutenaient dans leurs produits la réputation du sol.

Mais plus tard, des précautions négligées amenèrent la dégénération de l'espèce On laissa pénétrer en Normandie des étalons *danois* qui y apportèrent leurs têtes lourdes et leurs chanfreins busqués. Par suite de ces croisements multipliés, et l'abandon de tout système, on a fini par amener la destruction de nos races indigènes.

La Normandie néanmoins est la province de France la plus favorable à l'éducation des grands animaux domestiques. Le cheval ne doit pas y tenir un rang secondaire : il y est appelé, au contraire, à développer avec honneur toutes les éminentes qualités qui le distinguent.

Je ne m'occuperai ici que des arrondissements de Cherbourg et de Valognes.

Dans le 1er se trouve le cheval de la Hague, qui avait tout le caractère des races de montagne avant que des croisements mal habiles fussent venus le lui faire perdre.

Dans l'arrondissement de Valognes, on rencontre la race des bidets d'allure ; elle est nombreuse et répandue dans le Bessin, et plus particulièrement dans le Cotentin.

En outre il existe, disséminés sur toute la

surface de la circonscription, des chevaux et des juments poulinières de diverses origines qui ne peuvent établir dans un mélange continuel aucune race distincte.

Voici l'état du pays : ses richesses chevalines sont-elles suffisantes ? et que lui faudrait-il pour en tirer parti?

Si depuis quelques années des améliorations se sont fait sentir, je suis convaincu qu'il en reste encore un bien plus grand nombre à obtenir.

Le cheval, cet animal précieux, l'associé de nos plaisirs, est aussi le compagnon de nos travaux; il devient plus nécessaire, à mesure que la population humaine augmente; il faut un plus grand nombre d'animaux pour l'agriculture; nos campagnes se percent de grandes routes et les transports deviennent plus nombreux et plus rapides, les voitures plus communes, l'emploi des chevaux plus étendu, leur allure plus vive; les chevaux légers sont devenus une nécessité de l'époque.

On s'est plaint de ce que les chevaux normands,

renommés autrefois, sont dépréciés aujourd'hui. Autrefois les chemins étaient impraticables, les voitures énormes ; le cheval devait être apprécié par son ampleur et sa pesanteur. Les chevaux des chevaliers couverts de leurs armures, et eux-mêmes bardés de fer, devaient être d'une haute stature et de fortes et lourdes proportions !

Eleveurs normands, abandonnez les vieilles routines, quand tout se perfectionne autour de vous, et ne vous cramponnez pas aux débris d'une société qui n'est plus !

Je n'ai garde cependant de proscrire le cheval de trait qui a une force puissante, dans sa lourdeur même ; mais je voudrais faire disparaître les tristes produits de nos campagnes ; machines pesantes à tête lourde, dont les jambes épaisses et maladives servent d'agents débiles à un tempérament mou et lymphatique !

Qu'on ne dise pas que nos gras pâturages s'opposent au perfectionnement désirable de notre race chevaline.

Le climat d'une grande partie de la France et

de l'Allemagne est plus favorable à l'élève du cheval que celui de l'Angleterre, et cependant les Anglais ont montré, par l'amélioration de toutes les variétés de leurs races, jusqu'à quel point l'éducation peut balancer et surmonter les désavantages du climat.

L'Angleterre, par une persévérance de plus de deux cents années, et qui remonte au règne d'Henri VIII, a dignement mérité le nom d'*Arabie du Nord*.

Entrons donc dans les mêmes voies qu'elle, mais avec cette constance raisonnée qui finit toujours par triompher du temps et des obstacles. Cherchons les moyens appropriés à nos localités, et examinons nos races hippiques, dans le *père*, la *mère* et les *produits*.

L'ÉTALON.

Parmi les animaux, aucune espèce ne demande plus de soins assidus et persévérants que celle du cheval. La main de l'homme est nécessaire pour assurer l'avenir de sa plus belle conquête ; mais la nature ne se plie pas aveuglément à ses volontés ; elle est exigeante, souvent capricieuse, et ses variétés sont infinies ; on ne peut reproduire des chevaux pareils à ceux dont on a fait les instruments de la production, si on n'a pas opéré en temps utile des croisements bien combinés avec des types neufs de bonnes races ; ainsi nos produits normands peuvent conserver une taille élevée, de belles formes, et tous les dehors de la force ; mais si l'on n'a recours quelquefois à la sève puissante des bêtes de sang, on ne trouve bientôt plus chez eux ni vigueur, ni ardeur ; ils manquent complètement d'énergie.

Le ministre *Colbert*, frappé de la dégénérescence des chevaux de son temps, crut devoir faire intervenir la protection du gouvernement et organisa les haras en 1683, tels que les trouva la révolution de 1789. Ce grand administrateur avait senti que cette branche d'industrie nationale devait être cultivée avec soin, et comme les fruits les plus précieux, renouvelée sans cesse par une greffe généreuse. Le cheval oriental était cette greffe puissante, tiré des sables du désert, et qui est appelé, par le créateur, à l'honneur de régénérer son espèce.

Il faut incessamment revenir à ce type, et lui accorder tous les soins de l'industrie humaine et dont le cheval anglais est la plus magnifique expression.

Je dirai donc à mes compatriotes : soignez la race de vos chevaux, race mélangée et souvent maladive et débile !

Veillez aux accouplements, et repoussez les animaux défectueux qui exagèreront encore leurs vices dans leurs produits.

La morve, le farcin, qui moissonnent tous les ans tant de chevaux dans nos régiments, sont des maladies lymphatiques qui naissent d'un sang appauvri et dégénéré! ayez donc des chevaux meilleurs pour encourager le gouvernement à les acheter, et en retirer un profit plus assuré!

On a observé que les pertes que les différentes armes éprouvent sont en raison de la mauvaise qualité des chevaux. Ainsi, l'armée perd annuellement 197 chevaux sur 1,000. La gendarmerie, seulement 14 sur 1000. Enfin la gendarmerie municipale qui paie plus cher, n'en perd que 3 sur 1,000.

Les dépôts de remonte et les stations d'étalons rendent des services, mais deviennent insuffi-sants.

Ces étalons du gouvernement sont en trop petit nombre pour avoir une influence décisive sur la masse des naissances, et d'ailleurs ne devant servir, pour être réellement utiles, que les juments distinguées, ils sont insuffisants pour toutes les autres.

Viennent les étalons approuvés dans les tour-nées d'inspection; on n'en compte encore que fort peu dans nos deux arrondissements; les étalons des particuliers restent les agents principaux de la reproduction, et ils ont, pour la plupart, tous les vices de leur éducation première; le cheval entier, objet d'une spéculation intéressée, est presque toujours, avant l'âge, employé à la saillie, ou bien encore poulain, abandonné avec les juments, il s'énerve sans résultat, et s'il donne un produit précoce, le cheval qui en sort ne présente jamais les qualités essentielles qui font le mérite de sa race.

Si nous voulons remédier au mal, il faut d'abord l'attaquer dès son origine et le chercher dans les sources mêmes de la vie!

Que demandons-nous à nos chevaux? quels sont les services que nous en attendons? l'attelage! la route! la guerre!

Il faut, par notre industrie, obtenir des serviteurs habiles à toutes ces fonctions diverses; le gouvernement ne doit pas s'immiscer trop dans l'industrie particulière, qu'il pourrait entraver en prétendant lui être utile.

Puisque le conseil général s'en remet de ce soin cette année aux sociétés d'agriculture, c'est à ces sociétés qu'il appartient de bien diriger les intérêts qui s'y rattachent, en traitant toutes ces questions en famille. L'association est un puissant élément de force, et porte en elle-même la chaleur et la vie. Nos sociétés, en s'occupant simultanément et efficacement de l'amélioration de la race chevaline, auront rendu de grands services à l'agriculture.

Pourquoi ne feraient-elles pas l'acquisition d'un bon étalon de trait, bien choisi? De demisang ou de trois quarts de sang, il serait acheté par les comités d'agriculture ; pour les frais de cette acquisition, il serait facile d'obtenir un secours du ministre du commerce, qui en a déjà accordé de semblables à quelques sociétés d'agriculture, et qui se montre pénétré de la nécessité d'encourager toutes les améliorations agricoles.

Les étalons des sociétés ne devraient pas rester sédentaires ; il faudrait les rendre *ambulants* pendant la saison de la monte ; en prenant des étalons les soins nécessaires, chacun pourrait saillir 50 juments au moins.

On a remarqué que la saillie faite à jeun était plus productive.

En France, on tient les étalons renfermés trop étroitement, et ils ne prennent pas assez d'exercice.

J'indiquerai ici la méthode suivie dans le département de Loir-et-Cher, où l'on s'occupe avec succès de l'éducation du cheval percheron.

Les étalons vont y chercher les juments à domicile ; ils se mettent en route dès le mois de février, et ne rentrent qu'à la fin d'août ; les con-

ducteurs à qui appartiennent souvent les étalons, les promènent, sans interruption, de fermes en fermes, de villages en villages, et leur font saillir, chaque jour, un nombre de juments indéterminé.

Après ce service, les étalons rentrent sans avoir souffert ni être détériorés, et on les remet immédiatement aux travaux ordinaires de l'agriculture.

Le prix de saillie fixé à un taux très-modéré n'est payable que lorsque la jument a été fécondée, et souvent même après la naissance du poulain.

Puissent ces coutumes s'établir un jour dans nos localités! je suis convaincu qu'elles contribueraient puissamment à vaincre l'esprit de routine enraciné dans nos campagnes, et qui s'y oppose au développement de l'industrie chevaline.

LA JUMENT.

La mère, disent les Arabes et les Anglais, influe plus que le père sur le produit.

L'habitant nomade du désert soigne sa belle cavale avec un culte presque religieux, il croit qu'elle est fille d'une des juments renommées du prophète.

Quelques auteurs prétendent que les chevaux inscrits sur l'arbre généalogique des Anglais descendent directement d'un très-petit nombre de juments orientales, dont les produits se sont conservés sans le moindre mélange.

Quoi qu'il en soit, nos voisins ont toujours apporté le plus grand soin au choix des poulinières et n'ont opéré les croisements des races qu'avec la plus grande circonspection; en effet, si vous présentez une jument chétive à un mâle étoffé et d'une trop forte charpente, le produit qui sortira des flancs débiles de la mère se ressentira toujours de cette choquante inégalité; il restera faible et sans belles proportions; il n'a pu trouver, pendant la gestation, la nourriture nécessaire à sa croissance, et qu'il eût obtenue d'une mère plus vigoureuse.

Les cultivateurs qui possèdent ces sortes de juments doivent les employer à l'agriculture sans jamais songer à en faire des poulinières; ils appauvriraient la race , et la vente du produit serait un trop mince dédommagement pour toutes les peines qu'il aurait données.

Le perfectionnement vaut mieux que la multiplication ; il naît plus de pouliches que de poulains, et le nombre des juments dans les deux arrondissements l'emporte de beaucoup sur celui des chevaux ; ce sont elles qui sont plus particulièrement livrées aux travaux de l'agriculture ; l'usage de les destiner toutes à la reproduction, comme on l'a pratiqué jusqu'ici, nuit incontestablement à l'amélioration de la race ; mieux vaudrait pour les cultivateurs prendre l'habitude d'acheter, pour les travaux journaliers, des chevaux hongres qui font plus d'ouvrage que les juments.

Souvent les poulinières sont le rebut des acheteurs ; quand une jument n'a pu être vendue, soit à cause de tares ou de vices, souvent héréditaires, on la consacre à la reproduction. Si à tout hasard on obtient une bonne pouliche, au lieu de la conserver pour en tirer race, on la vendra sur le champ pour garder la mauvaise mère ; et cependant sans une bonne jument il n'y a rien à espérer ; plus même l'étalon sera beau, plus il fera ressortir dans le produit les trop inégales proportions et le peu d'harmonie des formes.

Lorsqu'une jument serait jugée digne de passer à l'état de poulinière, on lui donnerait tous les soins qu'exigent ces nouvelles fonctions ; je ne veux pas dire qu'on la pousse de nourriture, car il est reconnu que les juments trop grasses et nourries trop fortement donnent des produits faibles et chétifs.

Je voudrais d'abord repousser tout accouplement prématuré ; il n'est pas rare de voir dans nos fermes des troupeaux de jeunes chevaux réunis pêle-mêle, et des pouliches de deux à trois ans, saillies par des poulains du même âge ; outre l'inconvénient de la précocité, je signalerai celui de la consanguinité.

Puisqu'il faut, pour améliorer les races, greffer et croiser sans cesse, je pense qu'il est bon de proscrire les accouplements dans une même famille, qui sont même repoussés par l'instinct des bêtes ; plusieurs espèces en chaleur s'éloignent du lieu de leur naissance.

Les agriculteurs et les fleuristes changent les semences de toutes espèces de plantes.

Les auteurs qui ont parlé du rapprochement entre les individus d'une même famille en relatent ainsi les inconvénients : diminution des os et des tendons; force musculaire amoindrie; nature languissante, inanimée, appauvrie; enfin dégénération de l'espèce.

La jument ne devrait être présentée à l'étalon que lorsque la dentition et l'ossification sont achevées chez elle, et qu'il n'y a plus à craindre les nombreux accidents auxquels donne lieu le jet des gourmes; car, je le repète encore, rien de plus important dans le sujet qui nous occupe, que le choix de la mère et son influence sur son produit.

La jument doit être ménagée, puisque l'avortement est l'accident le plus grave qui puisse lui arriver; on ne doit la soumettre qu'à un travail modéré pendant le mois qui précède la mise-bas et le mois qui la suit; souvent le propriétaire a livré sa jument à un étalon de hasard, et en a oublié l'époque; il est nécessaire de se procurer une carte de saillie avec la date certaine, de manière à ne pas craindre d'être pris au dépourvu.

Il faudrait aussi, dans nos localités, accorder plus de soins aux écuries. Humides et noires, elles sont généralement peu saines; on devrait en rendre le sol plus dur, et surtout ménager un écoulement aux urines.

J'ai dit qu'il fallait une grande précaution dans l'appareillement, le croisement et le métissage, je recommanderai surtout l'espèce, dite de la Hague, qui participe de celle des montagnes, dont les caractères principaux sont: une taille peu élevée, une tête carrée, des formes anguleuses, des yeux vifs, des membres secs et nerveux, un sabot bien conformé et une corne dure.

On ne saurait apporter trop de précautions pour conserver ce type précieux, qui dégénère rapidement, et qu'il faut empêcher de disparaître, car il doit un jour être appelé à fournir des remontes à la cavalerie légère; il sera toujours préféré par les connaisseurs à ces chevaux boursoufflés de graisse, à chair molle, à encolure épaisse, à jambes charnues et à pieds larges et plats.

Ainsi, en résumant ce sujet, je répéterai : si vous voulez efficacement perfectionner votre race chevaline, *soignez la mère*; elle est la base de l'élève du cheval; par elle vous réhabiliterez le cheval normand, autrefois l'objet d'une haute renommée.

Les productions de cette province étaient données en cadeau par les souverains. Henri IV envoya à la reine Elisabeth quarante étalons normands avec un assez grand nombre de poulinières, qui ont contribué sans doute à l'amélioration de la race anglaise, et la souche des meilleures poulinières de la Navarre remonte à l'introduction de trente juments anglaises et *normandes*, que le roi Louis XVI envoya, il y a plus de cinquante ans, aux états de Bigorre.

LE POULAIN.

On en distingue plusieurs espèces : ceux destinés à la reproduction, au gros trait ou bien à devenir cheval léger et de luxe.

En général, nos deux arrondissements font *naître* et *n'élèvent* pas. Un petit nombre de propriétaires ou cultivateurs poursuivent l'éducation de quelques rares poulains ; le terrain sec et montagneux de plusieurs localités, et la petite quantité de fourrages qu'on y récolte ne permettent pas de les élever tous ; nul doute que les débouchés devenant plus faciles, on ne voie s'étendre dans nos campagnes cette utile industrie. Les éleveurs, lorsqu'ils auront la certitude de vendre mieux leurs poulains, les garderont un an ou dix-huit mois de plus ; en les employant dans les fermes avec discrétion à l'agriculture, on ménagera les animaux plus jeunes, condamnés à prendre le collier après la vente de leurs aînés ; de cette manière, le poulain, dès l'âge de trois ans, par un travail modéré, peut gagner sa nourriture, et quand il est vendu, l'éleveur regarde le prix qu'il en tire comme un bénéfice net.

Mais, je le répète, il ne faut pas surcharger le jeune cheval ; ce n'est que de cinq à six ans que le développement s'achève ; la morve attaque surtout les jeunes animaux livrés trop tôt à de rudes travaux ; mais l'inaction absolue serait aussi pernicieuse ; l'habitude du travail est un besoin pour le cheval; prise de bonne heure, elle le prédispose à tout ce qu'on exigera de lui plus tard.

Que le cultivateur qui voit bondir de jeunes animaux autour de lui ne craigne pas de s'en servir; mais plus il en emploiera au même objet, plus ils lui seront utiles; qu'il les soigne avec joie, avec orgueil, avec amour! Voyez en Lorraine, et surtout en Alsace, l'habitant des campagnes! il se sert de ses chevaux sans les fatiguer jamais; quand il va porter ses denrées à la ville voisine, il attèle quatre ou six chevaux à son char, pour mener les plus légers fardeaux; il marche rarement sans son quadrige en très bon état; il n'a pas placé dans sa voiture quelques bottes de son plus mauvais fourrage, comme il arrive d'ordinaire en d'autres pays, mais une ration copieuse de bon grain, et souvent son propre pain formeront la nourriture de l'équipage.

Tout propriétaire qui veut entreprendre l'élève du cheval doit s'occuper d'agriculture; l'un ne peut marcher sans l'autre; toute la question est d'assurer la consommation du cheval à un prix en rapport avec celui du revient, en donnant à l'éleveur un bénéfice honnête : quand cette combinaison sera trouvée, on pourra prolonger, sans inconvénient, l'éducation de nos jeunes chevaux, et nous verrons des animaux bien conformés, et arrivés à leur croissance, sortir de nos contrées en y laissant plus de richesses ! car un cheval bien fait et vigoureux représente un bon capital, quelle que soit sa taille.

J'espère que l'aménagement bien entendu de nos prairies et leur accroissement nous permettront de donner bientôt plus de développement à l'éducation de nos chevaux. On cultivera avec plus d'étendue la luzerne qui est si nutritive et qui donne trois coupes abondantes, et quelquefois quatre par an.

Je dirai en passant qu'il est bon de la mêler, au moment de la fenaison, avec de la paille de froment qui absorbe une partie de son humidité; la paille seule est peu alimentaire, parce que celle de nos contrées est creuse, tandis que dans les pays chauds, les tiges sont remplies d'une sorte de moëlle sucrée, très-nourrissante.

Je crois la vente des poulains *laitrons*, destructive de toute constante amélioration; qu'importe, en effet, qu'un poulain soit très-distingué, puisqu'on le vend à six mois; souvent le lait de sa mère est appauvri par le travail, et on le laisse dans des prairies humides, où il broute des herbes malsaines, qui lui donnent un ventre démesuré, et un embonpoint factice.

Il est difficile, je le sens, de détruire d'anciennes habitudes, et l'amélioration ne peut être opérée brusquement; mais espérons dans un avenir prochain qui permettra à l'éleveur d'avoir un débouché certain de sa marchandise; et, rentrant dans ses avances, il ne craindra plus d'en faire de nouvelles.

Déjà le gouvernement paraît vouloir adopter un meilleur mode de remonte. Par sa circulaire du quinze janvier dernier, le ministre de la guerre assure aux départements de la circonscription de Caen, la vente d'une grande quantité de chevaux de troupe. Les achats doivent être faits *directement à l'éleveur, et sans aucun intermédiaire.*

Je recommande à nos cultivateurs de diriger leur attention de ce côté. Ils ne sauraient faire

castrer leurs poulains trop tôt ; dans l'état encore
inférieur où est notre race, il ne faut en garder
qu'un très-petit nombre pour la reproduction ;
tous les autres doivent être opérés de très-bonne
heure, et il est reconnu maintenant qu'il y a
tout avantage à le faire. Les Anglais châtrent
leurs poulains de sept à onze mois, à moins
qu'ils ne soient reconnus propres à l'amélioration des races, ou aux courses.

On a relaté, à l'école d'Alfort, l'expérience
d'un poulain qui fut châtré dès l'âge de trente-
cinq jours. Il fut rendu immédiatement à la
mère et devint un magnifique cheval.

Le ministre de la guerre, en favorisant les
achats de chevaux en Normandie, rappelle encore la décision ministérielle précédemment
prise, relative à la castration des chevaux destinés à la cavalerie. Il s'exprime ainsi :

« A dater du premier juillet 1841, les établis-
« sements de remonte ne recevront plus que des
« chevaux castrés depuis l'âge de trois ans, et, à
« partir du premier juillet 1842, la castration
« devra avoir été faite depuis l'âge de deux ans,
« au plus tard.

« L'époque de la castration sera constatée,
« dans les quarante-huit heures de l'opération,
« par une carte revêtue de la signature du vété-
« rinaire, ou de l'individu qui aura fait l'opéra-
« tion. La signature sera légalisée par le maire
« de la commune. »

Je rappelle le texte entier de la circulaire
ministérielle, pour qu'elle puisse passer sous les
yeux des cultivateurs du pays. Si quelques-uns
s'aperçoivent enfin que leur intérêt bien entendu
est d'élever des chevaux, qu'ils se pénètrent de
l'idée qu'il faut soigner avec persévérance la mère
et le produit ; qu'on ne fait pas de chevaux à trop
bon marché, et que s'ils leur coûtent des avances, ils en seront remboursés par l'écoulement
facile dû aux soins de l'administration des autorités locales et des sociétés d'agriculture.

Je n'entrerai pas ici dans toutes les prescrip-
tions recommandées dans l'éducation des poulains. On les trouve dans les livres élémentaires.
Je ne saurais cependant terminer ce chapitre
sans insister sur deux points principaux :

1° Tenir chaudement les jeunes animaux,
pendant leur première enfance, en les mettant

souvent à l'abri sous des hangars secs; toutes ou presque toutes les maladies des jeunes chevaux viennent de défauts de soins et surtout de refroidissements.

2° Leur donner une nourriture abondante, principalement jusqu'à l'âge de deux ans.

Il est prouvé que c'est pendant la plus grande croissance des êtres animés que l'alimentation doit être plus abondante et plus riche en principes nutritifs. Cette forte croissance ayant lieu dans les deux premières années de la vie du cheval, il est bien essentiel de lui fournir une nourriture propre au développement de tous ses organes.

Le cheval de sang greffe admirablement l'espèce locale, et la grandit sans nuire à l'ensemble de ses qualités, mais c'est à la condition que l'alimentation des jeunes sujets sera suffisante.

Chaque cultivateur, suivant ses moyens, peut soigner particulièrement le régime de son poulain. Il doit quelquefois lui donner de la farine d'orge; l'orge bouillie est très-nutritive; on peut la couper avec un peu de son et de paille hachée;

on lui présentera aussi, s'il se peut, des carottes ou des menus grains (1).

Que l'éleveur lui fasse quelquefois goûter son propre pain, il en fera un bon serviteur et un ami.

Le pain est considéré comme une si bonne alimentation pour les chevaux qu'il en existe, à Paris, une fabrique spécialement destinée à cet usage.

Trois kilogrammes de ce pain remplacent cinq kilogrammes de foin.

Heureux l'éleveur s'il possède un côteau bien herbé ! c'est là que le jeune cheval prendra les sucs les plus favorables à l'organisation et au développement complet de sa race.

On embouchera le poulain dès l'âge de deux ans, puis, l'année suivante, on le fera seller et monter pendant quelques moments ; j'insiste sur cette observation. En négligeant de s'y conformer,

---

(1). Il vaut mieux donner les carottes entières que coupées en petits morceaux.

on rencontrera souvent des obstacles qui naîtront
d'une éducation trop tardive, et le cheval de
quatre et cinq ans restera ombrageux et difficile,
de doux et d'apprivoisé qu'il paraissait, étant
poulain; au contraire, en s'en occupant de
bonne heure, il se dressera doucement, surtout
si l'on emploie la patience à son aide, et jamais
les accoups ni les mauvais traitements.

Le maître entrera en rapports fréquents avec
lui; il le dominera sans le craindre, et deviendra
meilleur cavalier lui-même en formant un bon
cheval.

2.ᵉ CHAPITRE.

DE L'UTILITÉ

DES COURSES.

LES COURSES.

J'aborde enfin ce sujet qui me semble avoir une grande importance, et qui entre parfaitement dans l'ordre des idées que je cherche à faire prévaloir.

En soumettant ces réflexions à la sagesse du conseil général de mon département, j'ai l'espoir qu'à sa première réunion, il voudra bien porter de nouveau son attention sur les graves considérations que je mets sous ses yeux ; elles me paraissent dignes du plus sérieux examen.

Je ne prétends pas établir une comparaison absolue entre deux pays voisins, dont les mœurs, les usages et le génie sont différens ; je veux seulement constater que l'Angleterre doit l'immense prospérité hippique qu'elle possède aux courses de ses chevaux, répétées sur mille hippodromes divers.

Depuis le règne de Henri VIII, non seulement tous les rois, mais encore les chambres, les autorités locales, tous les comtés des trois royaumes, les particuliers les plus riches, le commerce et l'industrie, tout le pays enfin a protégé puissamment les courses. On a senti qu'il fallait, pour fonder des institutions stables, une suite et une persévérance sans lesquelles rien ne peut durer. Ils ont sans doute, au commencement, rencontré bien des difficultés, mais un peuple éclairé ne s'en effraie pas, et ne prend pas, pour des vices irrémédiables, les obstacles qui surgissent, et les trébuchements inhérents à tout ce qui commence, à tout ce qui naît.

En France, nous n'avons pas encore cette ténacité qui implante les institutions dans le sol.

Les premières courses qu'on vit dans notre pays eurent lieu en 1776 dans la plaine des Sablons, à la porte de Paris. Elles durèrent plusieurs jours.

Quelques autres courses furent encore autori-
sées à des époques diverses.

Ce n'est que depuis 1833 qu'elles ont pris une
grande extension dans toute la France.

On signale partout les avantages qui en résul-
tent pour les contrées où elles se pratiquent; le
département de la Corrèze, long-temps abandonné, a beaucoup gagné depuis le rétablisse-
ment des primes départementales et la création
des courses.

Elles se multiplient surtout en Bretagne; toutes
les villes veulent avoir des hippodrômes, et tous
les conseils généraux des départements formés
de l'ancienne Bretagne votent des fonds pour
être distribués en prix de courses.

Nous nous étions montrés d'abord fort empres-
sés à suivre cet utile exemple. Des fonds furent
votés plusieurs années de suite. L'effet de ces salu-
taires allocations ne tarda pas à se faire sentir.
Des améliorations sensibles se montrèrent; et ce
progrès en faisait espérer de plus grands, lorsque le refus de fonds, prononcé cette année par
le conseil général, vint troubler et inquiéter les

amateurs de chevaux, et compromettre l'existence d'une institution dont le début a besoin d'être soutenu par de nombreux encouragements.

Et cependant ces luttes pacifiques ont pour objet la prospérité matérielle du pays! Il ne suffit pas de dire aux éleveurs de *faire des chevaux*, il faut qu'on les leur achète : par conséquent, on doit favoriser la vente.

Dans le Holstein, le Danemarck et le Mecklembourg, on professe l'opinion que la greffe du cheval de sang, jointe à l'usage des courses, est le moyen infaillible d'encourager l'élève du cheval.

Les primes n'ont jamais pu y suppléer; elles se donnent d'après la *conformation*, tandis que les prix de courses se délivrent après une *épreuve;* ces derniers méritent donc la préférence parcequ'ils se fondent sur un *fait*.

Les primes ne se fondent que sur une *opinion.*

De plus, la véritable beauté, la beauté non arbitraire, résultant de l'accord des formes avec les moyens qu'on suppose, ne peut être reconnue que par l'essai, et le cheval étant un instrument de locomotion, le plus beau pour les connaisseurs est celui qui offre les formes les plus indicatives de la vitesse ou de la force, qualité qu'on ne reconnaît qu'à l'épreuve.

En outre, ainsi que je l'ai exprimé, il est utile, à mon avis, de favoriser dans le département, non d'une manière outrée et exclusive, mais avec une sage discrétion, l'élève du cheval léger. Des routes planes et faciles le sillonnent ; les moyens de transport s'allègent ; une impulsion de vitesse est donnée partout. Ne restons pas en arrière ! Mais nous ne sommes que les bras, et c'est le conseil-général qui est la tête. C'est à lui d'indiquer et de seconder toutes les améliorations possibles.

Dans la grande division actuelle de la propriété, chacun emploie son champ et cherche à tirer le plus grand parti possible de sa petite fortune. L'habitant des campagnes, ne pouvant se livrer à des essais en agriculture, ne ressent aucun attrait pour l'élève des chevaux, qui semble ne lui offrir ni utilité, ni profit.

C'est aux gardiens et aux tuteurs de la fortune

publique qu'il appartient de mettre à sa portée la branche fertile de l'industrie chevaline.

Il n'y a pas de production possible sans consommation assurée ; notre département, par son commerce abondant et ses foires nombreuses, présente de faciles débouchés à l'éleveur.

Le ministère de la guerre, s'exagérant sans doute la difficulté d'alimenter ses remontes, a conçu l'idée de se faire producteur de ses chevaux lui-même ; j'examinerai plus loin l'opportunité de ce projet.

Je constaterai seulement ici l'intention formelle que le ministre manifeste d'acheter *plus cher* qu'il n'a fait jusqu'à présent.

Par sa lettre du 15 janvier dernier, adressée au préfet du Calvados, il déclare :

« *Que désormais les achats de chevaux pour la* « *cavalerie se feront dans les pays directement ;* « *qu'on traitera à domicile avec l'éleveur, et sans* « *aucun intermédiaire.* »

Le ministre, de plus, émet le désir « *de voir,*

*en très peu d'années, la Normandie en position
de remonter en grande partie l'arme de la cavalerie.»*

La commission de remonte, réunie à Paris,
est composée de généraux distingués; elle s'as-
semble journellement; rien n'a été positivement
arrêté encore; mais le *prix supérieur* pour l'achat
du cheval de remonte est tout à fait admis.

Je sais que le chiffre facultatif sera très élevé.

Un des membres de la commission m'a dit:

« Les éleveurs n'ont pas à s'occuper du prix,
« car leurs chevaux seront toujours payés leur
« valeur, *quelqu'élevée que soit cette valeur.*»

Le gouvernement paraît donc vouloir entrer
dans une bonne voie; c'est aux conseils-géné-
raux, aux autorités locales, aux sociétés d'agriculture, qu'il appartient de le seconder dans
l'œuvre patriotique de la régénération du *cheval
normand.*

Nous avons à lutter, je le répète, contre l'apathie de quelques-uns et les routines du plus grand nombre.

« Ce n'est pas l'usage, cen'est pas l'habitude.» Voilà la réponse qui accueille souvent les plus heureux projets d'innovations.

Quand tout porte la société à rendre ses rapports plus actifs, à multiplier ses moyens d'action, en accélérant leur vitesse, voulez-vous rester stationnaires avec les gros chevaux de vos pères?

On ne peut perfectionner notre race qu'en augmentant ses moyens.

Soyez certains qu'un cheval sera supérieur en qualité, par cela seul qu'il trottera ou galopera mieux qu'un autre.

Une vaine apparence de beauté n'est point in-dispensable; il faut, surtout aux nôtres, des jambes et du cœur.

A quelque usage grossier qu'on le destine, plus il aura de déploiement d'épaules, plus il sera fort et vigoureux. Ce qui est utile pour le cheval de trait devient indispensable pour le

cheval de troupe, qui doit réunir les trois conditions de légèreté, souplesse et vigueur.

Un concours annuel où tous ces moyens se
développent est donc chose vraiment utile!

Nos pères le pensaient comme nous, et l'on
peut chercher quelquefois des enseignements
dans les pages de nos vieilles annales. Au moyen-
âge, on connaissait l'élève du cheval, et les
haras étaient entretenus par les riches abbayes
de ce temps là.

Il existait aussi des courses de bagues et des
courses de chevaux. On retrouve dans une foule
de chartes anciennes des vestiges de ces institutions.

Les landes de la Meauffe, qui servent d'hippodrôme aux courses de Saint-Lo, et sur lesquelles se pressent chaque année les populations
environnántes, virent jadis affluer également les
flots des générations passées.

Dans les onzième, douzième et treizième siè-
cles, ces mêmes landes servirent de lice pour
les guerriers du voisinage qui venaient y exercer

leurs chevaux et y faisaient assaut de force et de vitesse.

Maintenant encore, les courses sont restées très populaires en Bretagne, et elles ont quelquefois lieu sans que les autorités s'en mêlent.

L'orsqu'une noce, une fête publique, un pardon *(a)* doit avoir lieu dans quelque village de cette province, on recueille une souscription, et on annonce la course, à l'issue de la messe.

Au jour fixé, les petits chevaux des montagnes arrivent, de 5, 10 et 15 lieues, pour gagner un mouton de trois francs.

Je dis que les courses sont dans le génie des contrées chevalines. Partout où l'on élèvera cet animal, essentiellement locomoteur, chez qui l'exercice est une condition de santé et un élément de vigueur, partout, dis-je, on sentira la nécessité de mettre ses éminentes qualités en concours public.

Là, du moins, les récompenses ne sont pas

(*a*) On appelle pardon la fête patronale de la commune.

données uniquement à la figure, et c'est le mérite seul qui doit les obtenir.

Il n'y a plus chez nous de type primitif. Nos races de chevaux subissent une transformation comme tout le reste. Ainsi que l'a très bien observé l'auteur d'un mémoire lu à la société d'agriculture de Caen, toutes les races célèbres furent le résultat des combinaisons de l'homme, plutôt que le produit spontané de la contrée dont elles portent le nom.

Il faut donc nous efforcer de créer une race appropriée aux besoins actuels, et dont l'écoulement devienne ainsi plus facile.

J'ai parlé déjà de croisements et d'accouplements bien combinés ; joignons-y les courses qui exciteront l'émulation encore endormie. Les courses amèneront les éleveurs à faire de bons chevaux, plus encore qu'à songer à élever de beaux produits qui ne sont propres qu'au luxe, et dont la vente est par conséquent rare et exceptionnelle.

Les hippodrômes, chez nous, doivent être de *grands marchés*, où les officiers de remonte, les connaisseurs de tous pays, tous les chalands enfin, viendront se donner rendez-vous.

Ces champs de courses auront de grands avantages sur les foires. L'*acheteur* verra fonctionner les animaux sous ses yeux; il pourra s'assurer que le cheval qu'on lui présente est celui qui lui convient; il n'a plus de chances à courir pour la castration, le dressage, les maladies etc.

Il sera certain que le cheval a été monté ou attelé; qu'il a été convenablement nourri, dès son jeune âge, par l'espoir qu'a eu le propriétaire de lui voir gagner un prix.

En Prusse, on place sur le *Stud Book* (1) tous les chevaux qui se sont distingués d'une manière particulière dans les courses. C'est sur l'hippodrôme, disent-ils, que se gagnent et se délivrent les titres de noblesse.

Les parchemins sont inutiles, les vieilles gé-

----

(1). On nomme ainsi en Angleterre le registre où sont inscrits, avec leurs généalogies et leurs filiations, tous les chevaux de pur sang ou demi-sang qui ont le droit de paraître sur les hippodrômes.

néalogies ne sont pas admises de droit. On ne dit pas: Vous ne courrez pas si vous n'êtes noble; on dit au contraire : Vous serez noble si vous courez bien.

Faisons de même, et livrons nos hippodrômes à nos chevaux, sans distinction d'espèce ni d'origine. Songeons qu'il ne s'agit pas de créer chez nous un spectacle futile pour l'amusement des oisifs, mais au contraire, une institution nationale, qui porte l'émulation parmi nos éleveurs, et les pousse sans cesse à améliorer les chevaux de service. Secondons le gouvernement; et, puisqu'il va nous envoyer des acheteurs, prenons tous les moyens pour les engager à de nombreuses acquisitions.

Je dirai, en terminant ce chapitre, que les courses du département doivent être fournies seulement par les chevaux qui ont pris naissance dans le département de la Manche; plus tard, et améliorés par nos soins, ils pourront, avec succès, entrer en lice avec les chevaux étrangers.

Je vois, dans le *Journal des Haras* de cette année, qu'aux courses de Limoges, tous les chevaux du pays ont été battus par une jument venant des hippodrômes de Paris. Rien n'est plus propre à décourager le cultivateur qui a préparé de longue main son cheval, que de voir des étrangers venir lui enlever son légitime espoir.

Les fonds alloués par nous-mêmes doivent être dépensés chez nous, pour nous, en famille.

Repoussons le cheval qui n'est pas français, au delà des frontières; éloignons de même de nos hippodrômes les chevaux étrangers au département.

C'est en maintenant cet esprit de nationalité locale que nous parviendrons à entrer dans une voie meilleure; en nous montrant sagement restrictifs, nous développerons l'industrie du perfectionnement de la race chevaline, qui a besoin de puissants encouragements pour s'échapper des langes du passé et vaincre des habitudes encore trop profondément enracinées.

Il est temps d'entrer hardiment dans une ère nouvelle, et de placer le cheval normand dans la voie d'une amélioration plus en rapport avec la civilisation novatrice et progressive de notre époque.

3.ᵉ CHAPITRE.

—

CONSIDÉRATIONS GÉNÉRALES.

—

CONSIDÉRATIONS GÉNÉRALES.

Rien n'est plus malheureuscment prouvé que la dégénérescence de nos races de chevaux. Elle s'étend sur toute la France, ainsi que le fait observer le général marquis Oudinot, dans une brochure qu'il a publiée sur le *casernement des troupes à cheval.*

Après avoir relaté les défauts inhérents à ces établissements, il ajoute :

« Les causes principales de maladie et de mort
« chez les chevaux de troupe, c'est la dégéné-
« ration absolue de la grande majorité de la
« population chevaline en France, le manque

« d'énergie, l'appauvrissement des principes
« vitaux, qui laisse sans moyens de défense le plus
« grand nombre des individus exposés à l'inva-
« sion des maladies, notamment de la *morve*,
« dévorante affection, sans remède.

« Elle sévit le plus ordinairement dans les
« régiments qui ont coutume de se remonter
« dans les contrées où le cheval est descendu à
« un profond degré de dégénération.

« Nous perdons, comparativement à un régi-
« ment étranger, six à sept chevaux pour un. »

Cette désastreuse situation qui influe sur la
prospérité nationale, en ôtant toute confiance
dans les productions du pays, est une des choses
qui doivent appeler toute la sollicitude des conseils généraux des départements. Si nous ne
parvenons à établir une concurrence puissante
avec l'étranger, il continuera à nous inonder de
ses produits.

Les chevaux allemands passent le Rhin, et
nous arrivent en payant seulement à l'importation 25 fr. (27 fr. 50 cent. le décime compris,)

Quand le gouvernement défendrait l'importation, elle n'en existerait pas moins, et la prohibition absolue est impraticable, par ce que la grande étendue de nos frontières de terre et les forêts dont elles sont couvertes en quelques endroits, favoriseront toujours l'introduction des chevaux en contrebande.

Au lieu d'essayer inutilement de nous *murer* contre l'étranger, appliquons-nous à faire mieux que lui! Quand nos chevaux auront acquis de la renommée, on n'ira pas si loin en chercher d'autres, et nous n'aurons plus l'humiliation de voir, comme à la dernière foire de Guibray, tous les marchands dédaigner nos chevaux pour acheter les chevaux allemands qui encombraient le marché.

Sachons nous suffire à nous-mêmes pour tous les objets essentiels de consommation. Malheur à une nation qui, pour se nourrir et se défendre, dépend du bon vouloir de ses voisins!

Il faut reconnaître cependant qu'une amélioration commence à se faire apercevoir dans plusieurs départements. Je lis dans un rapport de M. de Champagny au ministre de l'agriculture et du commerce :

« Que dans sa tournée des départements de
« l'Orne et du Calvados, il a trouvé du progrès
« dans l'espèce chevaline, surtout parmi les éta-
« lons et les juments destinés à la reproduction.

« Il a remarqué que les écuries et les détails de
« l'Hygiène sont mieux soignés.

« Ceux qui font naître conservent leurs belles
« juments.

« Les cultivateurs qui achètent des poulains
« les choisissent mieux et les paient plus cher.

Cependant l'inspecteur ajoute :

« Qu'on ne peut se dissimuler que les che-
« vaux français ne soient tombés en discrédit
« dans le commerce par l'introduction des *che-*
« *vaux allemands*, qu'on peut livrer à meilleur
« marché, et des *chevaux anglais* qui sont plus
« à la mode. »

Le perfectionnement de l'éducation des chevaux ne s'est pas encore étendu d'une manière
aussi notable jusqu'au département de la Manche;
et cependant la nourriture pour les grands animaux domestiques y est des plus abondantes, et

fort supérieure à celle de la plupart des contrées de la France.

Je trouve, dans un état d'agriculture comparée, que l'Angleterre et l'Allemagne ont consacré les *quatre cinquièmes* de leur territoire agricole à nourrir du bétail, et un *cinquième* seulement aux céréales.

La France en destine un peu moins d'un cinquième à la nourriture du bétail.

Les *Français* défrichent pour augmenter l'étendue des terres labourables.

Les *Anglais* restreignent sans cesse leurs terres de labour pour les transformer en pâturages, ce qui n'empêche pas, du reste, les produits en céréales de s'accroître par l'effet de l'augmentation prodigieuse des engrais.

Je suis loin de croire que nous devions étendre nos herbages dans la même proportion; car la disette des céréales afflige souvent nos voisins; mais, en France, on tombe dans l'excès contraire; nos méthodes défectueuses de culture obligent les fermiers à donner une étendue démesurée aux terres de labour au détriment des prairies.

Au demeurant, on ne peut nier que, chez les Anglais la bonne, nourriture réservée aux chevaux ne soit une des causes puissantes de leur amélioration.

Notre département est pour cet objet dans des conditions aussi favorables que l'Angleterre, et l'on peut évaluer la contenance des prairies et herbages, au cinquième de sa superficie.

Il y a donc assez d'éléments d'amélioration; il dépend de mains habiles de savoir utilement s'en servir.

Je signalerai, en passant, un symptôme qui me paraît alarmant pour l'agriculture.

Le foyer des villes présente une attraction dangereuse pour les campagnes. Beaucoup de jeunes cultivateurs abandonnent les travaux des champs pour aller prendre à la ville des états mécaniques.

Sans doute le contact des villes est nécessaire aux campagnes. C'est un moyen d'échange entre les intérêts intellectuels et les besoins matériels; mais je le voudrais moins étendu et plus sage, et je vois au contraire cette émigration opérée sans mesure dans l'arrondissement de Cherbourg. Plusieurs communes de la Hague en éprouvent une dépopulation sensible.

C'est au conseil général, aux sociétés d'agriculture, qu'il appartient de remettre en honneur les travaux de la terre, qui sont le fondement de toute civilisation et la souche vitale des sociétés humaines. Les encouragements de tous genres, les primes, les fonds plus nombreux et mieux employés attacheront le cultivateur au sol et l'y fixeront par l'attente d'un bénéfice certain et raisonnable.

Beaucoup de départements s'occupent avec succès du développement progressif de l'agriculture; plusieurs, que je n'ai pas encore indiqués, mettent l'éducation du cheval en première ligne dans les moyens de perfectionnement.

Je citerai entre autres avec éloge le département des Ardennes. Depuis plus de 15 ans, le conseil général accorde chaque année 20,000 francs pour achat d'étalons.

Ces étalons payés de 3 à 4 mille francs, sont cédés pour 500 francs à des cultivateurs renom-

més, à la condition qu'ils leur feront servir des
jumens pendant 4 à 5 ans.

Les produits de ces étalons *approuvés* peuvent
être primés comme ceux des haras royaux.

Une suite de croisemens bien combinés a tellement amélioré la race des Ardennes que des
marchands de la Normandie ont été, l'année dernière, acheter 160 *poulains Ardennais* d'un an;
qu'ils ont payé 4 à 5 cents francs, et qu'ils reven-
dront ensuite fort cher à Paris, comme *chevaux
Normands*.

Car notre race vit toujours un peu sur sa vieille
renommée. On croit qu'elle résiste mieux qu'une
autre aux longues fatigues; et au pavé fatiguant
de Paris.

Mettons donc tous nos soins à la rendre digne
de son ancien nom, et qu'on n'aille pas ailleurs
se parer de ce nom qu'on nous emprunte en
accusant notre impuissance!

L'inspecteur des haras, en tournée l'année
dernière dans les départements de l'Est de la
France, a trouvé quelques résultats satisfaisans.

Un bon nombre d'étalons lui ont été présentés pour être primés, ce qui est un grand avantage pour les propriétaires, puisque leurs produits concourent pour les primes, comme ceux des haras royaux.

L'inspecteur en a approuvé plus de 40 dans le département du Jura, et autant dans le Doubs.

Le nôtre est en arrière d'une manière affligeante. A peine 3 à 4 étalons ont été approuvés, en 1841, dans les arrondissemens de Valognes et de Cherbourg.

L'administration centrale des haras ne peut intervenir d'une manière directe. Elle a renouvelé souvent, mais en vain, la proposition de lois coërcitives pour empêcher les croisements défectueux. Toute mesure répressive lui a été déniée ; elle ne peut agir que concurremment avecl'industrie particulière, qu'elle doit seconder par le secours d'étalons distingués, mais qui, pour être utiles, ne doivent s'appliquer qu'à certaines races. Il appartient aux départemens d'appuyer son action par toutes les voies qui lui sont ouvertes.

Je sais qu'il est très-difficile de *faire naître* et *d'élever* simultanément; élever sans perte ne suffit pas; il faut élever avec profit. Ce n'est que progressivement, et par des encouragements persévérants, qu'on amènera les cultivateurs à s'adonner à l'éducation des jeunes chevaux. Il faut qu'ils puissent appercevoir qu'il y a intérêt pour eux à le faire. Dans l'éducation se trouve l'espérance d'un meilleur avenir pour nos races.

Il faut arriver à avoir des étalons par nos produits. En attendant, il serait à désirer que les conseils généraux et les sociétés d'agriculture fissent l'acquisition d'étalons de *demi-sang*, courts de reins et bien membrés, dont les formes vinssent se combiner heureusement avec les juments du pays de l'espèce la plus nombreuse.

Ce secours des étalons du département et des sociétés d'agriculture, pour être réellement profitable, doit être donné presque gratis; mais en l'entourant de garanties et de précautions, comme vient de le faire l'administration des haras dans son nouveau réglement de cette année.

Il était bien essentiel d'apporter des changements au mode de saillie, tel qu'on le pratiquait dans les stations d'étalons du gouvernement.

Le droit assez élevé, et par conséquent la difficulté du contrôle, rendait illusoire et incomplet le bien qu'on voulait opérer.

La taxe de la saillie, établie comme condition principale, devait naturellement restreindre examen, et laisser des juments mal construites, chétives et souvent tarées, perpétuer leur triste nature dans de déplorables accouplements.

L'administration des haras a senti toute l'insuffisance du mode adopté jusqu'ici; et, conformément à l'article 72 du réglement des haras, du 25 octobre 1840, le directeur du dépôt d'étalons de Saint-Lo, « vient de prévenir MM. les maires « et les propriétaires de la circonscription, que « pour examiner les poulinières qui devront lui « être présentées avant la monte, et pour déli- « vrer les cartes d'admission, il se rendra, dans « les derniers jours de mars, indiqués sur le « tableau, à *Saint-Côme-du-Mont, Sainte-Mère- « Église, Valognes, Saint-Pierre-Église* et *Cher- « bourg*, pour inspecter les juments des deux « arrondissements que les propriétaires desti- « nent à la saillie des chevaux du haras.»

Je ne saurais trop engager les cultivateurs de

nos contrées, qui possèdent des juments distinguées de formes et d'allure, à les conduire à cette revue préparatoire. Ils recevront d'utiles conseils de personnes instruites en la matière, et qui pourront leur indiquer utilement le choix de l'étalon tout à fait applicable à la mère.

D'après l'article 5 de l'arrêté pris par le ministre du commerce, la *saillie*, par les étalons royaux pourra être accordée *gratuitement* aux juments primées.

Voici enfin ce mot prononcé dans une décision réglementaire. Espérons qu'il fera fortune, et qu'on le placera bientôt sur la porte de chaque station d'étalons répandue sur la surface de la France!

Je trouve que la taxe de saillie n'existait pas dans un haras supprimé en 1789 celui d'Auch. Les *garde-étalons* jouissaient de grands priviléges.

Sous Louis XV, le gouvernement d'alors voulant encourager les bons croisements, proclama qu'il exemptait de la *milice* le fils du propriétaire ou fermier dont le père se serait consacré à la garde des étalons royaux.

Il faut de même que le gouvernement actuel, s'il veut entrer dans une voie meilleure, ne recule pas devant des sacrifices. Ceux qu'il pourra faire ne seraient-ils pas bien payés, s'ils amenaient un état de choses vraiment progressif et satisfaisant? La saillie gratuite de ses étalons ne lui serait pas un grand préjudice, puisque le droit de saillie, prélevé au détriment du progrès, ne rapporte guère plus de 300,000 f. à l'administration des haras.

En même temps que le gouvernement abandonnerait, en faveur d'une efficace amélioration, le recouvrement annuel qu'il perçoit, je souhaiterais qu'il *s'engageât* à acheter tous les jeunes chevaux qui sortiraient des juments primées, et des étalons des haras. Cet écoulement *assuré* tranquilliserait le propriétaire qui n'ose se faire éleveur par ce qu'il craint de ne pas rentrer dans ses avances. Cette déclaration faite par l'état serait pour tous un puissant encouragement.

Pendant que par de sages mesures et un emploi de fonds bien entendu, il pousserait au bien dans nos contrées, je voudrais qu'il établît des lois restrictives pour empêcher le mal de s'y propager comme il le fait? J'émets le vœu de voir disparaître bientôt successivement les étalons, *non approuvés*, qui perpétuent, tous les jours, dans nos campagnes, la dégénérescence de nos races. Cette mesure pourrait peut-être un moment froisser quelques intérêts particuliers. Je le regrette sans doute; mais le bien général me semble y être tellement attaché, que je ne puis hésiter à soumettre cette idée au conseil général de mon département.

Puisse-t-il, aussi, se décider à acheter des étalons pour les céder bien au-dessous de leur valeur, comme cela se pratique dans les Ardennes! Ces animaux producteurs seraient d'abord offerts de préférence à ceux des propriétaires dont on aurait supprimé les étalons défectueux; ils pourraient acquérir ainsi, à très-bon compte, un excellent cheval qu'ils emploieraient avec discrétion à l'agriculture et dont ils tireraient profit pendant la saison de la monte.

Car le gouvernement seul est jusqu'à présent en position de donner la saillie *gratis*.

Tous les étalons du département, achetés ou élevés, seraient *approuvés* par l'inspecteur-général des haras, assisté d'un jury composé de propriétaires et de fermiers du pays.

On laisserait les étalons *approuvés* à la disposition de propriétaires qui ont intérêt à ne pas les forcer, et qui, par leur aptitude et leurs connaissances, ont déjà mérité des primes. D'ailleurs, comme il leur serait imposé l'obligation de délivrer des cartes de saillie et d'en garder les reçus dans des registres à souche, on pourrait facilement contrôler l'emploi de l'étalon dans les tournées annuelles que des préposés à cet objet, seraient chargés de faire.

Ainsi que je l'ai déjà indiqué, je crois qu'il serait utile que les sociétés d'agriculture fissent aussi l'acquisition d'un bon étalon de trait, bien en harmonie avec la grande partie des juments de travail de leur arrondissement.

Cet étalon de la société d'agriculture, serait, pendant la saison, promené dans les communes rurales où il servirait les juments qui appartiennent aux cultivateurs peu aisés. Le petit propriétaire se dérangera difficilement, pour aller chercher loin les chances d'un produit quelquefois mal apprécié et d'ailleurs incertain. Il faut venir au secours de sa petite fortune, et mettre à sa portée un moyen d'amélioration qu'il pourra se procurer sans perte de temps, et sans les frais d'un déplacement qui lui est souvent difficile!

On joindrait à l'envoi de chaque étalon un *livret* où serait donnée l'indication de l'espèce et de la qualité des juments qu'il lui serait permis de servir. Les conditions arrêtées d'avance, il n'y aurait plus qu'à les appliquer aux sujets présentés ; on éviterait ainsi toute apparence d'arbitraire et de caprice.

Le prix de saillie, très-modéré d'ailleurs, ne serait payable qu'après les six premiers mois de la gestation de la jument présentée.

Avec cet ensemble de mesures, je suis convaincu que nous entrerions enfin dans un système de croisement vraiment profitable. En détruisant les défauts remédiables de l'un par les qualités de l'autre, nous parviendrions rapidement à corriger le tempérament souvent mou et un peu lymphatique de nos races indigènes. Il faut agir avec fermeté, persévérance et discernement ; et, sans s'arrêter à des considérations secondaires, marcher droit au but qu'on veut atteindre.

Les sociétés d'agriculture, à l'instar de celle d'*Alençon*, pourraient établir une course de *chevaux entiers*. (1).

Avant de faire castrer leurs jeunes poulains, les propriétaires devraient être invités à les amener devant un jury spécial chargé d'examiner cette classe de produit. Ceux qui seraient jugés propres à la reproduction seraient élevés par leurs possesseurs pour cette destination, et pourraient être préparés de longue main à figurer dans les courses.

Le conseil général, dans la séance du 27 août dernier, a exprimé le vœu de voir établir dans le département, *des fermes modèles* où l'on pourrait placer des étalons de gros trait, pour produire des chevaux de voitures, de poste et de diligence.

---

(1) Ils pourraient concourir aussi, attelés au *dynamomètre*. C'est un instrument pour constater la force musculaire, dont on a fait usage aux courses de Berlin. L'épreuve consiste à donner trois fois dans le collier. Le cheval qui développe la plus haute puissance reçoit le prix.

Je m'adjoins de tout cœur à ce souhait patriotique; mais en attendant sa réalisation, serait-il donc impossible d'obtenir une amélioration prochaine dans les écuries des cultivateurs? Un pays fractionné, pour l'ordinaire, en aussi petits lots que le nôtre, renferme, je le sais, peu d'établissements agricoles formés sur une grande échelle. Il est cependant essentiel de remédier à l'insalubrité de ces loges de chevaux, trous obscurs et humides qui n'ont souvent d'écuries que le nom, et où l'on enferme les jeunes animaux destinés à la vente, comme l'on ferait de pourceaux à l'engrais!

On a remarqué, en tous pays, que partout où les chevaux sont bien traités, suffisamment nourris, bien abrités et tenus propres, leur développement est plus rapide; les qualités de leur race se manifestent de très-bonne heure, et les maladies deviennent beaucoup plus rares. Comme l'a très-bien observé *M. le comte de Montendre* dans ses *Institutions Hippiques*, c'est aux soins assidus des *valets d'écurie*, avec l'aide des croisements dirigés avec intelligence, que les Anglais sont parvenus à se procurer leurs beaux chevaux de course, d'attelage et de labour.

Il est bien certain que rien ne conduit plus vite à la dégénération d'une race que les déplorables coutumes que j'ai signalées plus haut. Tous les hommes amis de leur pays doivent chercher à y porter remède. Les conseils ne suffisent pas; il faut savoir encore stimuler l'intérêt individuel, seul et puissant mobile pour corriger et perfectionner.

Je proposerais la fondation de *primes* décernées aux cultivateurs, quelle que soit leur fortune, qui seraient reconnus avoir amélioré leurs écuries, et qui les auraient rendues plus commodes et plus saines.

Ce point me semble si important, que j'ai l'honneur de le soumettre particulièrement à l'attention de Messieurs les membres du conseil général et des sociétés d'agriculture.

Je crois devoir faire ici une remarque qui ne se rapporte pas directement au sujet que je traite, mais qui peut s'appliquer aux soins de la culture.

Des pays voisins utilisent, pour l'agriculture, les corps des animaux morts.

Un établissement de ce genre a été fondé à Grenelle par M. Payen.

MM. Cartelet et Lamis en ont créé un semblable à Châlons-sur-Marne.

M. Barin, un également dans l'Oise.

Toutes les parties gélatineuses de l'animal sont mises en colle-forte.

Le sang et les entrailles servent aux engrais.

Le reste de l'animal séjourne plusieurs heures dans l'eau chaude, pour séparer les os des chairs.

La graisse est vendue séparément.

Les os sont employés à la tabletterie, etc., ou à faire du noir animal.

Les chairs cuites, à la nourriture des volailles et des porcs; Il existe près de Paris de grandes porcheries de 500 à 1000 porcs, qui sont entretenues de cette manière.

Les os, qui n'avaient, jusqu'à la création de

cette industrie, aucune valeur dan le département de la Marne, se vendent actuellement *trois
francs* le quintal, ressource pour la classe la plus
pauvre, qui s'occupe à ramasser ce produit.

En parlant des améliorations agricoles, re-
commandons l'économie et l'emploi plus complet du principe alimentaire ; c'est par les fourrages qu'on fait les chevaux. On ne saurait trop
mettre en honneur la culture de la *luzerne*, des
trèfles et du *sain-foin*, qu'on peut regarder comme
le fourrage par excellence.

Je veux, en passant, faire mention, ici, du *sel*
donné aux chevaux. C'est un aliment salubre et
un stimulant énergique. Il corrige, au besoin, et
très-facilement, les fourrages en aspergeant d'eau
salée les foins de mauvaise qualité.

On l'emploie aussi comme engrais, et l'effet
merveilleux qu'il produit sur les prairies, a déjà
été bien des fois constaté.

Un général, (1) dans une brochure remarquable, publiée il y a quelques années sur l'amélioration des chevaux, fit ressortir toute l'impor-

______

(1) M. le duc de Guiche, alors directeur du haras de
Meudon.

tance de cet engrais, et émit le vœu que le gouvernement pût affranchir de tous impôts le *sel* employé à l'agriculture.

Les conseils d'agriculture, du commerce et des manufactures, qui ont terminé leur session le 15 janvier dernier, avaient nommé dans leur sein une commission pour s'occuper de la question des chevaux.

Celle du conseil d'agriculture a présenté un rapport détaillé à la suite duquel ce conseil a adopté les conclusions suivantes :

« Demander aux chambres une augmentation
« de crédit applicable aux prix de courses et
« aux primes pour les juments poulinières de
« pur sang.

« Engager le ministre de la guerre :

« 1° A augmenter le prix alloué par tête de
« cheval pour ses remontes.

« 2ᵉ A Supprimer les dépôts de remonte, et à
« faire acheter directement les chevaux par les
« chefs de corps.

Cette dernièrè mesure paraît devoir être adop-
tée par le ministre de la guerre.

Espérons que la circulaire ministérielle citée
plus haut, et celle sur la *castration hâtive*, engage-
ront les cultivateurs à préparer leurs chevaux
assez tôt pour les faire accepter à la remonte et
en avoir un débit facile. Je souhaiterais aussi
voir le conseil général voter des fonds pour fonder des primes en faveur des *poulains castrés*
avant l'âge de deux ans. Cette mesure éveillerait
l'attention du pays; et un encouragement public
donné ainsi à l'éducation, arracherait peut-être
à la routine qui la rend à peu près impossible.

Quant aux dépôts de remonte, on ne peut
penser à les supprimer tout-à-fait, mais il est
urgent de corriger les abus qui s'y font remar-
quer aujourd'hui.

Il serait donc bon qu'ils fussent maintenus
dans les pays qui font naître et élèvent des
chevaux.

On voit leur utilité constatée dans une lettre
du colonel Reyan, commandant le dépôt de remonte de Caen.

« Il certifie que les *officiers acheteurs* parcou-
« rent continuellement les fermes de leur cir-
« conscription.

« Beaucoup de chevaux, ajoute-t-il, se trou-
« vent en ce moment dans les écuries des éle-
« veurs; mais la plupart n'ont que trois ans et
« demi et sont entiers.

Je traiterai en peu de mots ici le projet qu'on
attribue au ministre de la guerre de se faire producteur de ses chevaux lui-même.

Il se procurerait 300 étalons placés dans des
établissements créés à l'instar de ceux de l'Au-
triche.

De plus, il ferait l'acquisition, dit-on, de 12,000
poulinières, juments de taille, choisies par les
officiers des dépôts de remonte ou des haras
militaires.

Ce projet, ou plutôt cette idée, me paraît
heureusement inexécutable.

Outre les frais énormes que cette organisation
complexe devrait nécessairement entrainer, elle

porterait le trouble et le découragement dans tous les pays qui font naître et qui élèvent des chevaux.

En effet, l'administration du pays doit seconder, stimuler les intérêts locaux et ne jamais s'établir en concurrence. Sa mission n'est pas de produire, mais d'éclairer et de protéger la production; son devoir est d'ouvrir les plus grands débouchés à l'industrie particulière, en lui indiquant et lui élargissant les voies de perfectionnement qu'elle doit suivre.

Pour engager fructueusement les cultivateurs à *faire* une espèce de chevaux, il faut en même temps leur fournir les moyens de se *défaire* facilement et à bon prix de leurs chevaux.

Les foires et les courses sont les vrais élémens d'amélioration, le *débouché* le plus efficace et le meilleur des encouragements.

Le plus grand de tous est dans les mains du gouvernement. Il consiste à acheter plus cher qu'il n'a fait jusqu'à présent, et on doit se féliciter de lui voir adopter cette idée féconde.

Espérons que le ministre de la guerre se bornera à faire l'acquisition d'étalons.

Déjà, l'année dernière, deux furent placés à Caen par son ordre.

Un journal de la localité avait annoncé :

« Que les propriétaires qui voudraient pré-
« senter des juments, doivent les faire conduire
« dans cette ville.

« Que la saillie sera gratuite.

« Qu'un capitaine, sous les ordres du comman-
« dant du dépôt , *survillera* les poulinières,
« avec l'autorisation de *renvoyer* celles qui ne
« lui paraîtraient pas réunir les qualités néces-
« saires.

J'insiste, ici, sur le fait de *la permission facul-
tative*, du *contrôle* et de *l'examen préparatoire* ,
comme une immense amélioration.

Le colonel Reyan, commandant le dépôt de remonte de Caen, a reçu l'ordre d'aller en Syrie acheter des étalons.

M. Descarrières, ancien colonel attaché au même dépôt, se rend en Angleterre, chargé de la même mission.

Il est dit que ces achats d'étalons sont, pour le service des haras spéciaux, fondés depuis 1840, par l'administration de la guerre.

Voici donc des établissements formellement indiqués, dont, au reste, on n'aperçoit pas encore beaucoup de traces.

On ne peut néanmoins regretter de voir doter le pays de producteurs distingués qui apportent un sang neuf et généreux; mais toute l'opportunité de la mesure réside daus le mode d'application.

Il faut que le secours des étalons, donné par le ministère de la guerre, se combine avec l'industrie particulière qu'il doit aider toujours sans y porter préjudice.

Si ces étalons sont bien et sagement employés avec les juments du pays, ils doivent sans nul doute perfectionner le *cheval de guerre.*

Si nos conseils généraux, entrant dans l'esprit de la commission du conseil d'agriculture, sollicitaient la suppression de quelques dépôts d'étalons, ils pourraient peut-être demander que l'argent qui sert à leur entretien fût employé à augmenter les ressources des établissements placés dans les pays où se trouvent nos principales richesses chevalines !

En portant une plus grande force dans nos contrées, on ferait un grand bien sur-le-champ, tandis qu'avec les mesures adoptées jusqu'ici, on ne peut y donner que quelques bons exemples et des secours insuffisants.

Puisqu'il est enfin établi, en principe, que l'on va acheter un grand nombre de *chevaux normands* pour la cavalerie, pourquoi ne pas faire venir les régiments dans les contrées où ils se remontent ?

La présence des corps de cavalerie dans nos villes réagirait très-heureusement sur les campagnes, en y développant davantage et plus vite le goût de *l'élève du cheval.*

Je sais qu'il n'existe pas dans nos départements

un grand nombre de quartiers de cavalerie. Il serait nécessaire d'en construire, et les conseils municipaux viendraient, je n'en doute pas, en aide à l'administration pour fonder des établissements durables, si avantageux à leurs localités et à tout le pays qui les environne.

Enfin, en résumant cet écrit, je dirai qu'il se manifeste en France, sur l'avenir de nos races chevalines, une préoccupation générale qui mérite toute l'attention du pouvoir.

Les départements déjà riches en chevaux, et où la nature féconde semble inviter au progrès, sont dignes d'une sollicitude particulière.

Je le repète, de grands changements s'opèrent tous les jours dans la vitesse des voyages ; des chevaux plus légers sont nécessaires, non seulement pour les postes et diligences, mais aussi pour le transport des marchandises sur les canaux et sur les routes. (1).

---

(1). Il serait essentiel que les réglements sur le chargement des voitures, fussent mieux observés ; car l'exagération de ces chargements ruinera promptement les chevaux dont on exige une nouvelle vitesse, tout en augmentant le poids qu'ils traînent.

Comment les obtenir ces chevaux de plus de fond, plus légers, plus généreux, sinon en versant continuellement du sang plus noble et plus pur dans les espèces propres à tous les services que je viens d'indiquer?

Outre les moyens proposés plus haut et qui sont unanimement réclamés par tous ceux qui s'occupent sérieusement de la matière, je terminerai ces réflexions par une observation qui domine toutes les autres.

Je veux parler de cette *anglomanie* qui a envahi la nation, et qui lui fait déprécier ses chevaux pour acquérir ceux des autres.

Je ne prétends, du reste, blâmer ce goût qu'en ce qui concerne les importations des chevaux de service, et jamais celles des étalons et poulinières, qu'on ne saurait, au contraire, payer trop cher, quand ils sont de premier sang.

Mais je crois devoir m'élever avec force contre cette mode anti-nationale qui tend à ruiner l'industrie française, et porte notre or à l'étranger, pour obtenir, à grands frais, le rebut ou le trop plein des écuries de l'Angleterre ou de l'Allemagne du Nord.

Je souhaiterais que les conseils généraux prissent, dans cette question, une courageuse initiative. En approuvant fortement l'intention exprimée par le ministre de la guerre, de tirer du *pays seul* les chevaux destinés à sa défense, ils devraient insister pour voir honorer et utiliser partout les *chevaux français* de selle, de chasse, d'équipages, de luxe enfin.

L'exemple devrait partir de haut; et, comme l'a fait observer un compatriote dans un mémoire que j'ai déjà cité, il serait à désirer que *le roi, les princes, les ministres, les administrateurs,* tous ceux enfin que leur position met en évidence, se fissent un scrupuleux devoir de n'employer à leur usage que des chevaux nés sur le sol français, comme le conseil général d'agriculture en a formellement exprimé le vœu.

Cet élan donné d'en haut, s'étendrait bientôt à toutes les classes. Il indiquerait un nouveau système que tout homme ami de son pays, et en état, par sa fortune, d'entretenir des chevaux, s'empresserait sans doute de suivre.

Dans tous les objets de commerce, l'amélioration amène l'écoulement des produits.

En acquérant les moyens de se défaire de ses chevaux plus facilement et à un prix plus élevé, le zèle se fera sentir, l'émulation naîtra, et l'on produira mieux.

FIN.

Cherbourg, BEAUFORT et LECAUF, imp.rs-lithographes.